IGNOTUS

El Enigma De Nueva Jersey

Descifrando el Fenómeno de los Drones OVNI

Primera edición

First edition

ISBN: 979-8-9991971-1-5

This book was professionally typeset on Reedsy.
Find out more at reedsy.com

Contents

Definiciones Comunes

1. OVNI (Objeto Volador No Identificado)

Un OVNI se refiere a cualquier fenómeno aéreo que no puede ser identificado de manera inmediata por el observador. Aunque históricamente se ha asociado con naves extraterrestres, el término simplemente denota cualquier objeto visto en el cielo cuya naturaleza es desconocida en el momento del avistamiento. Estos objetos pueden ser identificados posteriormente como aeronaves convencionales, fenómenos meteorológicos, objetos astronómicos u otras ocurrencias naturales o hechas por el hombre.

2. FANI (Fenómeno Aéreo No Identificado)

En años recientes, el término FANI ha ganado popularidad, especialmente en círculos oficiales gubernamentales y militares, como un término más amplio y neutral para describir objetos o eventos aéreos inexplicables. Los FANIs no solo abarcan objetos voladores, sino también cualquier avistamiento inusual o inexplicable en la atmósfera, independientemente de si se trata de objetos tangibles o fenómenos atmosféricos.

3. Platillo Volador

Un Platillo Volador es un tipo específico de OVNI, frecuentemente descrito como una nave en forma de disco o platillo. Este término se popularizó en las décadas de 1940 y 1950 después de que varios informes de avistamientos de OVNIs mencionaran formas similares a platillos. Sin embargo, este término ha caído en desuso en discusiones más recientes, ya que los OVNIs se observan en una variedad de formas y estructuras.

4. Nave Espacial Extraterrestre

El término nave espacial extraterrestre se refiere a la idea hipotética de que los OVNIs puedan ser vehículos pilotados por seres extraterrestres. Este concepto es común en la ciencia ficción y ha sido especulado por entusiastas de los OVNIs que creen que algunos avistamientos pueden implicar viajes interplanetarios o interestelares realizados por seres de otros mundos.

5. Naves o Seres Extraterrestres (ET)

El término extraterrestre se refiere a cualquier forma de vida o nave que se origine fuera de la Tierra. Las naves ET son especuladas como vehículos avanzados operados por seres extraterrestres, los cuales algunos creen que son el origen de ciertos avistamientos de OVNIs. La idea de los ET y sus posibles interacciones con la Tierra es central en muchas teorías y especulaciones sobre OVNIs.

6. Dron

Un dron se refiere a un vehículo aéreo no tripulado (UAV, por sus siglas en inglés) utilizado para diversos fines, incluidos operaciones militares, vigilancia y uso recreativo. En el contexto de los avistamientos de OVNIs, los drones a menudo se sugieren como una posible explicación para ciertos fenómenos aéreos inexplicables, especialmente los observados en áreas urbanas o pobladas.

7. Aeronaves Militares

Las aeronaves militares, especialmente los aviones furtivos o clasificados, a menudo se han vinculado con avistamientos de OVNIs, particularmente cuando los objetos exhiben maniobras de alta velocidad, formas inusuales u otras características no típicamente asociadas con aviones civiles. Algunos informes de OVNIs se han atribuido a pruebas de tecnología militar avanzada.

8. Globos o Fenómenos Meteorológicos

Algunos avistamientos de OVNIs han sido explicados como fenómenos meteorológicos, como globos meteorológicos, distorsiones atmosféricas o formaciones de nubes que pueden crear ilusiones ópticas, haciendo que los objetos parezcan moverse o cambiar de forma de maneras inusuales.

9. Viajeros Interdimensionales o del Tiempo

Algunas teorías, particularmente en la ciencia ficción especulativa, sugieren que los OVNIs pueden no ser de origen extraterrestre, sino interdimensionales o del futuro. Esta hipótesis plantea que los OVNIs podrían estar viajando desde universos paralelos o incluso diferentes puntos en el tiempo, explicando su tecnología aparentemente avanzada y comportamiento anómalo.

Estas definiciones ayudan a aclarar los diferentes términos utilizados en las discusiones sobre OVNIs y destacan la variedad de interpretaciones y especulaciones que rodean estos fenómenos misteriosos.

1

Introducción

Los cielos de Nueva Jersey han sido durante mucho tiempo un lienzo de misterio e intriga. Desde la infame "Gran Oleada de Dirigibles" a finales del siglo XIX hasta los incontables avistamientos de OVNIs reportados en la era moderna, esta región se ha ganado una reputación como un punto caliente para anomalías aéreas. Pero, ¿por qué Nueva Jersey? ¿Hay algo único en su geografía, su gente o su espacio aéreo que invite a estos fenómenos?

En los últimos años, un nuevo actor ha entrado en escena: los drones. Estas avanzadas y, a menudo, no tripuladas aeronaves han abierto una nueva frontera en la tecnología y la exploración, pero también han enturbiado las aguas cuando se trata de identificar lo que realmente es extraordinario en nuestros cielos. ¿Podrían los recientes avistamientos de luces y objetos inexplicables en los cielos de Nueva Jersey atribuirse a la avanzada tecnología de drones, o hay algo aún más misterioso en juego?

Este libro busca desenredar los hilos de un tapiz complejo, explorando cada ángulo del fenómeno de los OVNIs y drones en Nueva Jersey.

Profundizaremos en los relatos detallados de testigos presenciales, examinaremos las capacidades tecnológicas de los drones y aeronaves experimentales, y consideraremos la posibilidad de que fenómenos naturales se interpreten erróneamente como algo extraordinario. También nos adentraremos en los factores culturales y psicológicos que moldean cómo percibimos lo desconocido.

Pero ninguna exploración de este tema estaría completa sin abordar el elefante en la habitación: la posibilidad de una implicación extraterrestre. ¿Estamos presenciando tecnología alienígena avanzada? ¿O son estos avistamientos el resultado de la creciente destreza tecnológica de la humanidad?

Este viaje no se trata de confirmar o refutar una teoría en particular. En cambio, busca fomentar la curiosidad, alentar el pensamiento crítico y abrazar el misterio de lo que aún no entendemos. Los cielos de Nueva Jersey guardan secretos que desafían nuestra percepción de la realidad. Juntos, analizaremos las evidencias, separaremos los hechos de la ficción y exploraremos las muchas dimensiones de lo que podría estar ocurriendo sobre nosotros.

Ya seas escéptico, creyente o simplemente curioso, este libro te invita a mirar hacia arriba, maravillarte y cuestionar. ¿Qué hay ahí fuera? Y, más importante aún, ¿qué significa para nosotros aquí en la Tierra?

2

El Incidente: Avistamientos Virales de OVNIs en Nueva Jersey (2024)

Una Línea de Tiempo Detallada del Evento

En los últimos días, Nueva Jersey se ha convertido en el punto focal de una serie de avistamientos de OVNIs que han atraído una atención masiva en línea. Los incidentes, que comenzaron a desarrollarse el 18 de diciembre de 2024, se caracterizan por impactantes grabaciones, informes de testigos presenciales y un nivel sin precedentes de curiosidad pública, difundidos rápidamente a través de plataformas de redes sociales.

18 de diciembre de 2024 - 6:00 PM: El primer informe significativo provino de Middletown, Nueva Jersey, donde un residente local publicó un video en TikTok mostrando una luz brillante y pulsante moviéndose de manera errática en el cielo. El video, grabado con un teléfono inteligente, rápidamente se volvió viral, acumulando miles de vistas en minutos. A medida que la luz cambiaba de color y se desplazaba rápidamente por el cielo, la grabación dejó a muchos espectadores especulando si se trataba de un dron, una aeronave militar o algo completamente diferente.

19 de diciembre de 2024 - 7:30 PM: Otro video surgió desde Hackensack, Nueva Jersey, mostrando una formación de tres orbes brillantes en el cielo, aparentemente girando en patrones sincronizados. Los objetos parecían cambiar de dirección repentinamente, lo que llevó a muchos espectadores en línea a cuestionar si podrían ser drones militares o incluso vehículos extraterrestres. En pocas horas, el video se difundió en plataformas como Twitter, Instagram y YouTube.

20 de diciembre de 2024 - 9:00 PM: Una transmisión en vivo desde Bayonne, Nueva Jersey, capturó múltiples luces no identificadas flotando en una formación triangular. La transmisión se volvió viral en TikTok e Instagram, atrayendo la atención de entusiastas de los OVNIs y medios de comunicación. Muchos espectadores señalaron cómo las luces parecían flotar sin medios visibles de propulsión. La transmisión fue compartida por varios canales de noticias locales, agregando credibilidad a los avistamientos.

21 de diciembre de 2024 - 11:00 PM: Surgió un nuevo video desde Jersey City, mostrando una nave rápida con múltiples luces que cruzaba el cielo. El video, tomado por una fuente anónima, alarmó a muchos debido a su alta calidad y claridad. Los testigos afirmaron haber visto la nave moverse a velocidades y con una agilidad muy superiores a las de las aeronaves convencionales.

A medida que estos incidentes continuaron desarrollándose, surgió un patrón: avistamientos similares de OVNIs se reportaron en múltiples localidades de Nueva Jersey, con un claro aumento de actividad alrededor de las 9:00 PM cada noche. Muchos de estos videos fueron grabados con teléfonos inteligentes, con algunos usuarios incluso documentando los avistamientos en vivo mientras ocurrían. El número de informes siguió creciendo a medida que más residentes compartían grabaciones de fenómenos aéreos inusuales.

Relatos de Testigos: Historias desde el Terreno

La difusión masiva de videos y publicaciones en redes sociales permitió que los relatos de testigos se propagaran rápidamente, con numerosos individuos describiendo fenómenos inquietantemente similares. Varios residentes compartieron sus experiencias, añadiendo a la conversación viral en línea.

- **Emily Thompson, residente de Middletown (vía TikTok):**
- "Pensé que era solo otro avión, pero luego se detuvo y flotó por un momento antes de salir disparado a una velocidad imposible. Era como nada que hubiera visto antes. Inmediatamente agarré mi teléfono y lo grabé. Cuando lo publiqué, la respuesta fue una locura. ¡Personas de todo Nueva Jersey comenzaron a decir que habían visto lo mismo!"
- **Tom Harrison, residente de Hackensack (vía Instagram):**
- "Vi tres luces en el cielo. Parecían estar en un triángulo perfecto. No parpadeaban como las luces de un avión, y no hacían ningún ruido. Se movían de formas que nunca había visto antes. Era difícil creer lo que estaba viendo, así que lo grabé. Cuando lo compartí, no esperaba que tantos otros hubieran capturado lo mismo."
- **Rachel Foster, residente de Bayonne (vía transmisión en vivo de YouTube):**
- "Estaba con mis amigos cuando vimos lo que parecían ser múltiples luces en el cielo. Saqué mi teléfono y comencé a transmitir porque sabía que esto era algo grande. Las personas comenzaron a unirse a mi transmisión en vivo, y todos vimos lo mismo. Era una formación brillante y masiva, y se quedó en su lugar durante lo que pareció una eternidad. Luego, simplemente desapareció."

Estos relatos de primera mano continuaron alimentando las discusiones en línea, que solo se intensificaron a medida que surgían nuevos videos e informes de testigos cada noche. La convergencia de redes sociales, videos virales y testimonios convirtió los eventos en una conversación nacional.

Declaraciones Oficiales: Autoridades Locales y Agencias Gubernamentales

A medida que los avistamientos comenzaron a ganar atención generalizada, las autoridades locales y las agencias gubernamentales lucharon por proporcionar respuestas claras. La rápida propagación de grabaciones e informes profundizó aún más la sospecha y la incertidumbre pública.

- **Policía Estatal de Nueva Jersey:**
- "Estamos al tanto de múltiples informes sobre luces inusuales en el cielo. Los oficiales están investigando y continuarán monitoreando la situación. Por el momento, no se ha identificado una causa oficial."
- **FBI:**
- "El FBI está investigando los eventos recientes relacionados con estos fenómenos aéreos. Estamos trabajando con las fuerzas del orden locales y otras agencias para evaluar la situación. Es demasiado pronto para emitir declaraciones definitivas sobre la naturaleza de estos objetos."

Mientras las autoridades reconocieron los incidentes, ofrecieron pocas explicaciones concretas, lo que alimentó aún más la especulación en línea. La falta de respuestas claras y directas llevó a muchos a acusar a las autoridades de ocultar información o de estar mal preparadas para manejar la magnitud del fenómeno.

3

No es la Primera Vez

Una Línea de Tiempo Detallada del Evento

La noche del 15 de agosto de 2024, Nueva Jersey se convirtió en el centro de atención tras una serie de fenómenos aéreos inexplicables reportados en varias ciudades. Esto marcó el inicio de lo que se convertiría en uno de los eventos de OVNIs más discutidos en la historia reciente. A continuación, se detalla la cronología de los momentos clave de este fenómeno en desarrollo:

6:30 PM: Los primeros informes sobre luces inusuales en el cielo llegaron desde Toms River, Nueva Jersey. Varios testigos describieron objetos que se movían rápidamente, similares a drones, volando en formaciones ajustadas con luces parpadeando en patrones que desafiaban el comportamiento convencional de las aeronaves. Estos objetos se movían de manera errática pero silenciosa, lo que llevó a muchos a suponer que se trataba de drones.

7:00 PM: Comenzaron a llegar informes similares desde Long Branch, donde los residentes notaron grupos de luces flotando a baja altitud. Los objetos parecían moverse dentro y fuera de las nubes, a veces desapareciendo para luego reaparecer momentos después. Los testigos estaban confundidos y alarmados, especialmente por la aparente capacidad de los objetos de cambiar de dirección rápidamente.

8:00 PM: Una ola más significativa de avistamientos ocurrió cerca de Atlantic City. Los testigos informaron haber visto varias naves triangulares grandes con luces pulsantes brillantes. Estas fueron descritas como objetos con un patrón de vuelo lento y deliberado. Algunos testigos notaron que los objetos parecían "pulsar" antes de acelerar a velocidades imposibles para cualquier vehículo fabricado por humanos.

9:00 PM: La policía local recibió numerosas llamadas, y las autoridades enviaron oficiales para investigar. El FBI y el Departamento de Seguridad Nacional fueron alertados, y se convocó a una reunión de emergencia. Los avistamientos continuaron hasta las primeras horas de la mañana.

1:00 AM (16 de agosto de 2024): Se llevó a cabo una conferencia de prensa de emergencia por parte de las autoridades locales. La policía confirmó los avistamientos pero fue cautelosa en sus declaraciones, enfatizando que no se había hecho ninguna identificación oficial. Sugirieron que los objetos podrían estar relacionados con ejercicios militares o drones de alta tecnología, pero no se dio ninguna explicación concreta.

4:00 AM: Algunos de los objetos fueron observados cambiando de formación, a veces separándose y luego fusionándose nuevamente, dejando claro que el evento no era como cualquier avistamiento típico de aeronaves. Un testigo incluso describió un objeto que flotó durante varios minutos antes de dispararse directamente hacia el cielo a una velocidad asombrosa.

Por la mañana del 16 de agosto, los medios habían recogido la historia y el fenómeno había ganado atención nacional. Lo que comenzó como un misterio local ahora estaba siendo investigado por agencias federales.

Relatos de Testigos: Historias desde el Terreno

Los relatos de los residentes de Nueva Jersey han sido cruciales para reconstruir los detalles del evento. Estas historias personales brindan una idea de la magnitud del fenómeno y el impacto que tuvo en la comunidad.

- **Rebecca Johnson, residente de Toms River:**
- "Estaba sentada en mi porche cuando noté las luces por primera vez. Al principio pensé que era un helicóptero, pero se movía de maneras que no tenían sentido. Se detenía, luego volvía a moverse, casi como si estuviera siguiendo algo. Conté al menos cinco objetos, todos en una línea perfecta, pero no hacían ningún ruido. Ahí fue cuando me di cuenta de que algo no estaba bien."
- **Tom Harris, residente de Atlantic City:**
- "Lo que vi no se parecía a nada que haya visto antes. Eran grandes, triangulares, y sus luces cambiaban de color. Estaban tan cerca del suelo que pensé que iban a aterrizar, pero no lo hicieron. Simplemente flotaron por un rato y luego se dispararon a velocidades increíbles. He visto drones antes, pero nada como esto."
- **Lily Gomez, residente de Long Branch:**
- "Era como ver un espectáculo de luces, pero uno que no estaba destinado a ser visto. Estos objetos parecían estar sincronizados entre sí, moviéndose de maneras que no deberían ser posibles para nada que conozcamos. Traté de tomar una foto, pero mi teléfono no funcionaba cuando lo apunté hacia ellos. Era como si algo lo estuviera bloqueando."

Estos relatos, aunque difieren en detalles, comparten temas comunes:

patrones de movimiento inusuales, ausencia de ruido y luces extrañas en los objetos. Muchos testigos quedaron asombrados y confundidos, luchando por identificar lo que habían visto.

Declaraciones Oficiales: Autoridades Locales y Agencias Gubernamentales

A medida que los informes continuaron llegando, las autoridades locales respondieron rápidamente. Sin embargo, las declaraciones oficiales de las fuerzas del orden y las agencias gubernamentales solo añadieron más misterio.

- **Policía Estatal de Nueva Jersey:**
- En las horas posteriores a los informes iniciales, la Policía Estatal de Nueva Jersey emitió un comunicado confirmando que se habían enviado oficiales para investigar los fenómenos. Aunque reconocieron los numerosos informes de los ciudadanos, se negaron a llegar a conclusiones definitivas. La policía sugirió la posibilidad de que se estuvieran utilizando drones de alta tecnología en algún tipo de ejercicio militar, aunque admitieron que no había una explicación clara para los movimientos de los objetos.
- **FBI:**
- El Buró Federal de Investigaciones se involucró poco después de que comenzaran los avistamientos. El portavoz del FBI, Mark Donovan, comentó durante una conferencia de prensa televisada:
- "En este momento, el FBI está investigando los informes como parte de una investigación más amplia sobre lo que podría clasificarse como fenómenos aéreos. Instamos al público a mantener la calma y reportar cualquier avistamiento a las autoridades correspondientes. Sin embargo, no podemos proporcionar más información en este momento."

Este enfoque cauteloso hizo poco para calmar las especulaciones crecientes, con algunos testigos sugiriendo que la falta de claridad solo reforzaba la idea de un encubrimiento.

- **Departamento de Seguridad Nacional:**
- El Departamento de Seguridad Nacional (DHS) emitió una declaración más críptica, sugiriendo que los fenómenos aéreos podrían estar relacionados con vigilancia extranjera o avances tecnológicos de otras naciones. Este comentario fue particularmente preocupante, dado el aumento de tensiones globales sobre temas como el poder nuclear, la presencia militar y la ciberseguridad. Sin embargo, el DHS no proporcionó ninguna evidencia concluyente para respaldar esta teoría.

- **Pentágono:**
- El Pentágono también emitió una breve declaración a través del Departamento de Defensa:
- "Estamos al tanto de los incidentes reportados en Nueva Jersey y los estamos investigando. El Departamento de Defensa no ha confirmado ninguna participación con los objetos observados, pero estamos considerando todas las posibilidades."

La declaración del Pentágono reflejó el tono cauteloso adoptado por las autoridades locales. Muchos investigadores y defensores de los OVNIs encontraron esta respuesta insatisfactoria, afirmando que el gobierno estaba reteniendo deliberadamente más información sobre lo que se había observado en los cielos.

A medida que el incidente se desarrollaba en los días siguientes, la especulación creció no solo entre el público en general, sino también dentro de los círculos gubernamentales. ¿Fue este un evento aislado o parte de un patrón más grande? ¿Algo o alguien se hizo visible intencionalmente, o fue solo un accidente?

4

La Verdad Sobre la Desinformación Gubernamental: Los Archivos Perdidos Episodio 14 - Encuentro Desconocido

En el mundo de la investigación de OVNIs, una de las revelaciones más significativas en los últimos años proviene de la serie de pódcasts *Lost Archives*, específicamente del Episodio 14: Encuentro Desconocido. Este episodio profundiza en los relatos y evidencias que sugieren que el gobierno, particularmente en los Estados Unidos, ha estado deliberadamente engañando al público sobre avistamientos y encuentros con OVNIs durante décadas.

El Anuncio Radial

En este episodio, el equipo de *Lost Archives* desenterró un anuncio radial realizado por un alto funcionario gubernamental que, al ser analizado, contradecía los hechos previamente declarados sobre OVNIs y vida extraterrestre. La transmisión de radio, grabada a principios de la década de 1970, reveló información impactante que había sido mantenida en secreto por varias agencias gubernamentales. Según la transmisión, el gobierno tenía conocimiento de objetos voladores no identificados que estaban muy por encima de la tecnología conocida por la humanidad en ese momento.

Este anuncio sugería que estas naves no eran simplemente fenómenos meteorológicos o militares mal identificados, sino que representaban algo de otro mundo, potencialmente extraterrestre. Sin embargo, tras la emisión del mensaje, las autoridades se movieron rápidamente para suprimir esta información, negando cualquier conexión entre los OVNIs y la tecnología alienígena. A lo largo de los años, distintas ramas del gobierno continuaron proporcionando información confusa, incompleta o completamente falsa al público, afirmando que los OVNIs eran simplemente fraudes o el resultado de una histeria colectiva.

El Rol de la Desinformación

El episodio *Encuentro Desconocido* revela cómo las campañas de desinformación fueron intencionalmente orquestadas para confundir al público y desviar la atención de la propia implicación del gobierno en las investigaciones sobre OVNIs. Después de la emisión en la década de 1970, en la que se discutió abiertamente la posibilidad de orígenes extraterrestres, la narrativa pública cambió drásticamente. El gobierno comenzó a introducir historias conflictivas, desde afirmaciones de que los avistamientos de OVNIs eran simples "globos meteorológicos" hasta etiquetar los relatos de los testigos como el resultado de fenómenos psicológicos masivos.

Con el tiempo, proyectos clasificados como el *Proyecto Libro Azul* se convirtieron en herramientas clave para mantener el control gubernamental sobre la información. Aunque este proyecto terminó oficialmente en 1969, muchos sospechan que programas similares continuaron bajo otros nombres, todos diseñados para mantener el fenómeno OVNI lejos del escrutinio público.

El Supuesto Encubrimiento

Uno de los aspectos más impactantes del episodio es la afirmación de que numerosos avistamientos de OVNIs, específicamente en regiones como Nueva Jersey, fueron sistemáticamente minimizados o desestimados por funcionarios gubernamentales. Incluso cuando personal militar y civil de alto rango presentó informes creíbles, el gobierno mantuvo una narrativa de negación, a menudo a través de comunicados de prensa, declaraciones públicas falsas o amenazas de silencio. Esta estrategia de ocultamiento estratégico provocó décadas de confusión y frustración tanto para los testigos como para los investigadores.

El Episodio 14: *Encuentro Desconocido* no solo destaca cómo el gobierno encubrió la verdad sobre los OVNIs, sino que también sugiere que ciertos incidentes fueron manipulados activamente. El episodio incluye testimonios de ex oficiales de inteligencia y analistas que afirman haber visto pruebas directas de tal encubrimiento, sugiriendo que los avistamientos de OVNIs estaban, de hecho, bien documentados por el gobierno, pero suprimidos por razones que aún no están claras.

¿Por Qué Esto Es Relevante Ahora?

En el contexto de la reciente actividad OVNI en Nueva Jersey, estas revelaciones son profundamente significativas. Si el gobierno ha estado engañando activamente al público sobre los OVNIs durante décadas, esto plantea interrogantes sobre la reciente oleada de avistamientos en el estado. ¿Estamos presenciando una nueva fase de divulgación, o el gobierno continúa reteniendo información? La conexión entre los encuentros OVNI del pasado y del presente sugiere que Nueva Jersey podría estar en el centro de un misterio mucho más grande y en curso, un misterio que las agencias gubernamentales han buscado controlar y suprimir durante mucho tiempo.

A medida que el público se vuelve más consciente de la verdad sobre los OVNIs, eventos como los descritos en *Lost Archives* sirven como recordatorios poderosos de que la verdad suele ser mucho más extraña de lo que se nos hace creer. Lo que estamos presenciando hoy podría ser solo el comienzo de una revelación mucho más amplia sobre la naturaleza de los OVNIs, la vida extraterrestre y el papel de las agencias gubernamentales en mantener estos fenómenos en secreto.

5

Coincidencias y Conexiones: El OVNI de Nueva Jersey (2014)

En 2014, se publicó un libro titulado *The New Jersey UFO,* que arrojó luz sobre los avistamientos y encuentros de OVNIs reportados en el estado a lo largo de varias décadas. Este libro ha captado la atención no solo por sus ideas sobre la historia de los avistamientos de OVNIs en Nueva Jersey, sino también por los temas y patrones coincidentes que parecen alinearse con eventos más recientes, incluida la ola de avistamientos en el estado en 2024.

Temas Clave y Coincidencias

1. Patrones Similares de Avistamientos

En *The New Jersey UFO,* el autor documentó una historia de avistamientos de OVNIs en varias ciudades del estado, desde naves con características militares hasta fenómenos más misteriosos e inexplicables. Lo notable de estos informes es la similitud en los patrones, particularmente la forma en que los avistamientos suelen agruparse en regiones o ciudades específicas, incluidas áreas alrededor de la costa de Jersey y lugares interiores como Princeton y Toms River. En años recientes, especialmente en 2024, los avistamientos parecen repetir estos mismos patrones regionales. ¿Podría ser que estas áreas están experimentando fenómenos recurrentes, o es simplemente una coincidencia?

2. Descripciones de los OVNIs

En el libro de 2014, muchos testigos describieron haber visto objetos inusuales similares a drones en el cielo: naves pequeñas y de movimiento rápido que no coincidían con las especificaciones de aeronaves convencionales. Estas descripciones resuenan con los avistamientos más recientes, en los que se han reportado OVNIs similares a drones. La conexión entre estos dos períodos plantea preguntas intrigantes sobre si este tipo de OVNI ha sido observado de manera consistente a lo largo del tiempo o si el fenómeno está evolucionando.

3. Nueva Jersey como un Punto Caliente de Actividad OVNI

El libro de 2014 también identificó a Nueva Jersey como un punto caliente de actividad OVNI, un tema que sigue siendo relevante hoy en día. Aunque se reportan avistamientos de OVNIs en todo Estados Unidos, la proximidad de Nueva Jersey a ciudades importantes como Nueva York y Filadelfia, así como su rica historia militar, lo han convertido en un foco de teorías sobre actividad extraterrestre, participación gubernamental y pruebas secretas. El resurgimiento de la actividad en 2024 podría ser indicativo de algo mucho más grande en juego.

4. Interés del Gobierno y los Militares

El libro de 2014 también exploró la posible participación o interés del gobierno en los avistamientos de OVNIs en la región, citando documentos históricos e informes de personal militar que había presenciado fenómenos aéreos inexplicables. En años recientes, con la desclasificación de ciertos encuentros militares con OVNIs, muchos de los temas discutidos en *The New Jersey UFO* han ganado nueva atención. ¿Podría estar desarrollándose una narrativa gubernamental más amplia que esté vinculada a la historia de OVNIs en Nueva Jersey?

5. Influencia Cultural y Percepción Pública

Otra coincidencia fascinante es la forma en que ha evolucionado la percepción cultural de los OVNIs y los extraterrestres desde 2014. El libro destacó un cambio en las actitudes públicas, donde cada vez más personas comenzaron a aceptar la idea de que los avistamientos de OVNIs podrían estar relacionados con algo de otro mundo, en lugar de simples identificaciones erróneas de aeronaves convencionales. Este cambio cultural se ha acelerado en años recientes, con más personas abiertas a la posibilidad de vida extraterrestre y al papel del gobierno en mantener en secreto información sobre OVNIs. La conexión entre estos dos períodos habla de cómo la conversación sobre los OVNIs ha crecido en años recientes, coincidiendo con un aumento en los avistamientos, particularmente en Nueva Jersey.

¿Por Qué Esto Es Importante?

La conexión entre The New Jersey UFO y la reciente ola de avistamientos podría ser más que una coincidencia. Los patrones recurrentes tanto en los avistamientos como en la respuesta pública sugieren que Nueva Jersey puede seguir siendo un punto focal en el estudio de los fenómenos OVNI. El hecho de que las descripciones y patrones observados en 2014 se alineen tan estrechamente con los eventos recientes agrega un nivel de intriga a la situación, uno que podría indicar algo más grande en juego.

Ya sea un renovado interés en los OVNIs o un verdadero aumento en la actividad, la coincidencia entre los dos períodos exige atención e investigación cuidadosa. Nueva Jersey puede estar desempeñando un papel central en un misterio en curso que aún necesita respuestas claras.

6

Perspectivas Tecnológicas

Perspectivas Tecnológicas

En este capítulo, exploraremos posibles explicaciones tecnológicas para los avistamientos de OVNIs y drones en Nueva Jersey, dejando de lado factores extraterrestres y psicológicos para centrarnos en fenómenos creados por el hombre. Con la rápida evolución de la tecnología en el siglo XXI, la línea entre lo que se considera un OVNI y lo que puede atribuirse a tecnología avanzada humana se vuelve cada vez más borrosa. ¿Podrían los objetos observados en Nueva Jersey ser drones de última generación, aeronaves experimentales u otra tecnología terrestre en lugar de algo proveniente del espacio exterior?

El Auge de los Drones Autónomos

Una de las explicaciones más comunes para los avistamientos de OVNIs modernos es la presencia de drones avanzados. Hoy en día, los drones pueden volar silenciosamente y realizar maniobras complejas, muy similares a los patrones de vuelo erráticos que suelen reportarse en encuentros con OVNIs. Algunos aspectos clave a considerar incluyen:

· **Drones Comerciales y Militares:** El rápido desarrollo de drones tanto para uso comercial como militar ha llevado a un aumento de avistamientos de objetos que se mueven rápidamente o flotan. Estos vehículos aéreos no tripulados (UAV, por sus siglas en inglés) varían en tamaño, desde pequeños drones personales hasta modelos militares más grandes.

· **Tecnología de Invisibilidad:** Algunos UAV emplean tecnología de sigilo, lo que los hace prácticamente indetectables para el radar o el ojo humano, aumentando su naturaleza "no identificada".

·· **Vuelo Autónomo con IA:** Con los avances en inteligencia artificial, los drones ahora pueden realizar vuelos autónomos, navegando y evitando obstáculos sin intervención humana. Esto los hace capaces de movimientos impredecibles y precisos que pueden parecer de otro mundo.

En Nueva Jersey, los informes de drones que vuelan erráticamente o permanecen estacionarios en el cielo podrían atribuirse a drones experimentales o militares operando en la región.

Vuelos de Prueba Militares y Gubernamentales

Otra posible explicación tecnológica es que los avistamientos podrían estar relacionados con pruebas militares o gubernamentales. Muchas organizaciones militares, incluidas las de Estados Unidos, realizan pruebas de aeronaves nuevas y clasificadas. Estas aeronaves, a menudo experimentales, pueden exhibir comportamientos inusuales o tecnología avanzada que aún no se entiende públicamente. Algunas consideraciones incluyen:

· **Proyectos Clasificados:** Los "proyectos negros" del gobierno de EE. UU., programas militares secretos con financiamiento no divulgado, son conocidos por desarrollar aeronaves experimentales y tecnologías avanzadas, que incluyen bombarderos furtivos y aviones hipersónicos.

· **Áreas de Prueba:** Aunque Nueva Jersey no es tradicionalmente conocida por ser un centro de pruebas militares, su proximidad a grandes centros urbanos como Nueva York y Washington D.C. podría hacer que la región sea un lugar adecuado para vuelos de prueba limitados y menos publicitados.

· **Errores en Operaciones de Prueba:** Ocasionalmente, los vuelos de prueba o aeronaves experimentales pueden desviarse del plan, lo que lleva a avistamientos inesperados por parte del público. Los movimientos "descontrolados" y las aceleraciones repentinas reportadas podrían estar relacionados con pruebas de nuevas tecnologías aeroespaciales.

Dada la cercanía de Nueva Jersey a ubicaciones clave como la Estación Naval de Armas Earle y Picatinny Arsenal, estos avistamientos podrían ser el resultado de pruebas militares, ya sea deliberadas o accidentalmente expuestas al público.

Aeronaves Hipersónicas y Avanzadas

Las capacidades de vuelo hipersónico podrían explicar algunos de los avistamientos de OVNIs. Los aviones hipersónicos pueden volar a velocidades superiores a cinco veces la velocidad del sonido (Mach 5), mucho más allá de las capacidades de los aviones comerciales o privados actuales. Algunas características clave del vuelo hipersónico incluyen:

· **Velocidades y Maniobrabilidad Extremas:** Los aviones hipersónicos pueden alcanzar velocidades increíbles, realizar giros bruscos o cambios de altitud que serían imposibles para aeronaves tradicionales. Estas características han sido descritas en algunos avistamientos de OVNIs.

· **Eficiencia Energética:** La tecnología hipersónica a menudo utiliza nuevos sistemas de propulsión, lo que permite un viaje rápido y eficiente sin el consumo de combustible de los aviones convencionales.

Los informes de objetos que se mueven rápidamente con poco o ningún sonido podrían explicarse por estas aeronaves avanzadas, que podrían estar en pruebas en el espacio aéreo restringido.

Propulsión Cuántica y Electromagnética

Una de las áreas más fascinantes y aún teóricas de la tecnología aeroespacial es el concepto de sistemas de propulsión cuántica o electromagnética. Estos sistemas, que teóricamente podrían aprovechar las fuerzas del electromagnetismo o manipular el espacio-tiempo, podrían explicar algunos de los elementos inexplicables observados en los informes de OVNIs, como:

· **Tecnología Antigravedad:** Algunos OVNIs se describen como flotando o moviéndose de maneras que desafían las leyes de la física convencional, como permanecer estacionarios en el aire y luego acelerar rápidamente en otra dirección. Esto podría ser el resultado de propulsión antigravedad, un concepto estudiado por físicos pero aún no realizado plenamente.

· **Motores Warp:** Tecnologías de propulsión teóricas como las sugeridas en la física cuántica, como el *Alcubierre Drive*, podrían permitir a los objetos viajar más rápido que la velocidad de la luz al doblar el espacio-tiempo. Estas tecnologías, si se realizaran, explicarían las aceleraciones y desaceleraciones repentinas observadas en los avistamientos de OVNIs.

Aunque estas tecnologías siguen siendo especulativas, algunos investigadores sugieren que lo que vemos en el cielo podría ser el resultado de avances altamente clasificados o en desarrollo.

El Rol de los Fenómenos Atmosféricos

Además de drones y aeronaves militares, también existen fenómenos naturales que pueden contribuir a identificaciones erróneas. Factores atmosféricos y ambientales podrían crear ilusiones ópticas o efectos visuales inusuales que expliquen algunos de los avistamientos en Nueva Jersey, tales como:

- **Rayo en Bola:** Este fenómeno raro e inexplicado implica descargas eléctricas esféricas que pueden flotar y moverse erráticamente. Quienes presencian este fenómeno suelen describirlo como un objeto flotante y brillante, características comúnmente asociadas con OVNIs.

- **Anomalías Meteorológicas:** Ciertas condiciones climáticas, como nubes, tormentas o inversiones de temperatura, pueden crear efectos visuales que parecen distorsionar o "doblar" la luz, haciendo que los objetos en el cielo se comporten de manera extraña.

- **Fenómenos Ópticos:** Espejismos, halos y otros efectos causados por la refracción de la luz en la atmósfera podrían explicar la aparición de luces misteriosas en el cielo.

Aunque es menos probable que estos fenómenos sean la causa de los avistamientos en Nueva Jersey, sirven como recordatorio de que no todos los avistamientos inexplicables son el resultado de tecnología o participación extraterrestre.

El Futuro de los UAVs y la Tecnología Aeroespacial

Mirando hacia el futuro, podemos esperar aún más avances tecnológicos en los campos de drones, aviación y propulsión aeroespacial. Algunas áreas clave de desarrollo incluyen:

- **Movilidad Aérea Urbana (UAM):** A medida que avanza la tecnología de drones, aumenta el potencial para el uso generalizado de UAVs para transporte de carga y pasajeros. ¿Podrían estas aeronaves eventualmente mezclarse con el horizonte, confundiendo al público?

· **Sistemas Aéreos No Tripulados (UAS):** Los sectores militar y comercial están invirtiendo fuertemente en sistemas aéreos no tripulados de próxima generación, que incluirán capacidades avanzadas de vuelo, sigilo y autonomía.

· **Acceso Civil a Tecnología Avanzada:** A medida que los UAV se vuelven más asequibles y accesibles para los civiles, es probable que más personas experimenten con vuelos experimentales, creando un entorno propenso a nuevos informes de OVNIs.

Conclusión

Si bien las explicaciones extraterrestres continúan cautivando la imaginación del público, los factores tecnológicos están proporcionando cada vez más alternativas plausibles para los avistamientos de OVNIs observados en Nueva Jersey. Ya sean drones avanzados, aeronaves militares experimentales o sistemas de propulsión aún por realizar, el panorama tecnológico está evolucionando rápidamente de maneras que podrían explicar muchos de los avistamientos en la región. Sin embargo, la pregunta persiste: ¿es todo tan simple como parece, o podría la verdadera respuesta residir en lo inesperado?

7

Teorías Extraterrestres

Teorías Extraterrestres: Una Exploración de la Hipótesis Alienígena
Pocas explicaciones capturan la imaginación tan poderosamente como la idea de la participación extraterrestre. Los avistamientos de OVNIs en todo el mundo han alimentado durante mucho tiempo la especulación sobre visitantes alienígenas que observan, estudian o incluso interactúan con la humanidad. ¿Podrían las luces y objetos inexplicables vistos en los cielos de Nueva Jersey representar tecnología avanzada de otro mundo? Este capítulo explora la hipótesis extraterrestre, examinando su contexto histórico, las implicaciones tecnológicas de las naves alienígenas y las teorías sobre sus posibles propósitos.

El Fenómeno OVNI: Un Contexto Histórico
Los objetos voladores no identificados han sido reportados durante siglos, con descripciones que trascienden las fronteras culturales y tecnológicas. Algunos momentos clave en la historia de los fenómenos OVNI incluyen:

· **El Incidente de Roswell (1947):** Un choque en Nuevo México que dio origen al folclore moderno sobre OVNIs y afirmaciones de encubrimientos gubernamentales.

- **Los Avistamientos de Washington D.C. (1952):** Una serie de observaciones visuales y de radar sobre la capital de EE. UU., que generaron preocupaciones sobre la seguridad nacional.
- **La Oleada Belga (1989–1990):** OVNIs triangulares observados por miles, incluidos militares, en Bélgica.

En el contexto de Nueva Jersey, han ocurrido varios avistamientos y eventos notables de OVNIs, reforzando su estatus como un punto caliente de misterios aéreos.

Tecnología Alienígena: Teorías de Vigilancia o Exploración

Si los objetos observados en Nueva Jersey son extraterrestres, ¿qué podrían representar?

Posibles Explicaciones:

- **Drones de Vigilancia:** Las civilizaciones alienígenas podrían desplegar sondas autónomas para monitorear la Tierra desde una distancia segura.
- **Naves de Exploración:** Las naves avanzadas podrían ser utilizadas para explorar, de manera similar a como los humanos envían rovers a otros planetas.
- **Sistemas de Propulsión Basados en Energía:** Los movimientos observados, como aceleraciones rápidas o giros bruscos, podrían sugerir métodos de propulsión más allá de nuestra comprensión actual, incluidos:
- Tecnología antigravedad
- Motores Warp
- Manipulación de campos electromagnéticos

¿Podrían los OVNIs reportados en Nueva Jersey demostrar capacidades tecnológicas muy por encima de lo que la humanidad ha logrado?

¿Conexión entre OVNIs y Drones?

Algunos teóricos sugieren que lo que interpretamos como drones podría ser en realidad naves alienígenas diseñadas para mezclarse con los avances tecnológicos humanos.

Consideraciones:

- **Tecnología de Camuflaje:** Las civilizaciones avanzadas podrían imitar deliberadamente drones creados por humanos para evitar ser detectadas.

- **Ingeniería Inversa:** ¿Podría el rápido desarrollo de la tecnología de drones derivarse del estudio de materiales alienígenas recuperados?

¿Por Qué Nueva Jersey?

El lugar de actividad extraterrestre es un tema de debate constante. En el caso de Nueva Jersey:

- **Proximidad a Grandes Ciudades:** Los visitantes alienígenas podrían priorizar la observación de áreas densamente pobladas como la ciudad de Nueva York.
- **Instalaciones Militares:** Las bases aéreas y centros de investigación de la región podrían atraer la atención de observadores avanzados.
- **Condiciones Geográficas y Atmosféricas:** Factores ambientales únicos podrían hacer que el área sea adecuada para el monitoreo alienígena.

Los OVNIs como un Fenómeno Universal

Los avistamientos en Nueva Jersey no son casos aislados. Alrededor del mundo, incidentes similares comparten características comunes:

- Luces brillantes y orbes
- Trayectorias de vuelo erráticas
- Movimiento silencioso

Estos rasgos compartidos sugieren un patrón global que trasciende las fronteras culturales y geográficas, fortaleciendo el argumento de una participación extraterrestre.

Escepticismo e Investigación Científica

A pesar del atractivo de las teorías alienígenas, muchos científicos instan a la cautela, abogando por:

- **Evidencia Rigurosa:** Pruebas concretas, como artefactos físicos o grabaciones de video innegables.
- **Explicaciones Alternativas:** Aplicar la *Navaja de Occam* para favorecer explicaciones más simples.

El gobierno de EE. UU. ha desclasificado recientemente documentos relacionados con OVNIs a través de programas como la *Unidentified Aerial Phenomena (UAP) Task Force*, añadiendo credibilidad a la investigación de estos avistamientos.

¿Estamos Listos para el Contacto?

La posibilidad de visitantes alienígenas plantea preguntas profundas:

- **¿Cuáles Son Sus Intenciones?:** ¿Observación, contacto o algo más ominoso?
- **¿Cómo Reaccionaría la Humanidad?:** Implicaciones sociales, políticas y religiosas.

29

- **¿Estamos Solos?**: ¿Qué significaría la vida alienígena para nuestra comprensión del universo?

Los avistamientos en Nueva Jersey podrían ser una pieza de un rompecabezas cósmico mucho más grande, uno que desafía a la humanidad a enfrentar lo desconocido con una mente abierta y un espíritu de investigación.

8

Dimensiones Psicológicas y Socioculturales

Dimensiones Psicológicas y Socioculturales de los Avistamientos de OVNIs

Los avistamientos de OVNIs, incluidos los reportados en Nueva Jersey, a menudo generan fuertes respuestas emocionales y fomentan una especulación generalizada. Si bien muchos relatos se basan en experiencias genuinas, los factores psicológicos y socioculturales pueden influir profundamente en cómo se perciben e interpretan estos fenómenos. Este capítulo explora el papel de la mente humana en los avistamientos de OVNIs y las fuerzas culturales que moldean nuestra fascinación colectiva por lo desconocido.

La Psicología de los Avistamientos de OVNIs

Nuestra percepción de fenómenos extraños está moldeada por procesos cognitivos y emocionales. Algunos factores psicológicos que pueden contribuir a los avistamientos de OVNIs incluyen:

- **Reconocimiento de Patrones:** El cerebro humano está diseñado para identificar patrones, incluso en estímulos ambiguos, como luces en el cielo u objetos distantes.

- **Pareidolia:** Tendencia a percibir formas o estructuras significativas en datos visuales aleatorios (por ejemplo, confundir una nube con un platillo volador).
- **Sesgo de Confirmación:** Las personas tienen más probabilidades de interpretar eventos ambiguos como OVNIs si ya creen en la visita de extraterrestres.
- **Estrés y Ansiedad:** Entornos de alto estrés pueden aumentar la sensibilidad a estímulos inusuales, especialmente en tiempos de incertidumbre.

¿Podrían los avistamientos en Nueva Jersey estar influenciados por factores psicológicos, particularmente en una región conocida por su alta densidad poblacional y actividad constante?

Histeria Colectiva y Experiencias Compartidas

Los avistamientos de OVNIs a menudo ocurren en grupos, con múltiples personas reportando fenómenos similares. Esto puede deberse a:

- **Histeria Colectiva:** Un fenómeno psicológico en el que un grupo de personas experimenta simultáneamente síntomas o percepciones similares debido al estrés colectivo o la sugestión.
- **Contagio Social:** Los testigos pueden influenciarse inconscientemente unos a otros, amplificando o reforzando los informes de actividad OVNI.
- **Amplificación Mediática:** La cobertura de noticias, publicaciones en redes sociales y discusiones en línea pueden propagar rápidamente los informes, moldeando cómo se interpretan los eventos.

En Nueva Jersey, la rápida difusión de avistamientos a través de las redes sociales podría haber desempeñado un papel importante en dar forma a las percepciones públicas.

Narrativas Culturales y el Fenómeno OVNI

Nuestras interpretaciones de fenómenos inexplicables están a menudo influenciadas por narrativas culturales. Algunas influencias clave incluyen:

- **Medios de Ciencia Ficción:** Películas, libros y programas de televisión populares a menudo representan OVNIs y extraterrestres, moldeando las expectativas sobre cómo podrían ser los encuentros extraterrestres.
- **Folclore y Mitología:** Historias de luces extrañas y objetos voladores han existido durante siglos, arraigadas en tradiciones culturales y religiosas.
- **Paranoia de la Guerra Fría:** A mediados del siglo XX, hubo un aumento en los avistamientos de OVNIs relacionados con temores de espionaje y superioridad tecnológica.

¿Podría la obsesión moderna con los OVNIs reflejar ansiedades o aspiraciones más profundas de la sociedad?

Credibilidad y Variabilidad de los Testigos

No todos los avistamientos de OVNIs pueden descartarse como fenómenos psicológicos o culturales. Los relatos de los testigos varían ampliamente en términos de:

- **Antecedentes Profesionales:** Informes de pilotos, personal militar y científicos suelen considerarse más creíbles.
- **Consistencia:** Los detalles de algunos avistamientos permanecen notablemente consistentes a lo largo del tiempo y entre testigos.
- **Respuestas Emocionales:** El miedo genuino, la asombro o la confusión suelen acompañar estas experiencias, lo que sugiere sinceridad en muchos relatos.

La población diversa de Nueva Jersey proporciona una rica variedad de relatos de testigos, añadiendo complejidad a la narrativa.

El Rol de la Tecnología Moderna

La tecnología moderna ha transformado la forma en que documentamos y compartimos los avistamientos de OVNIs. Algunos desarrollos clave incluyen:

- **Cámaras de Teléfonos Inteligentes:** Dispositivos ubicuos que permiten documentar avistamientos rápidamente, aunque la calidad suele ser insuficiente para análisis concluyentes.

- **Redes Sociales:** Plataformas como Twitter y Facebook facilitan la rápida difusión de información (y desinformación) sobre avistamientos.

- **Algoritmos de IA:** El aprendizaje automático se está utilizando para analizar patrones en los informes de OVNIs, potencialmente identificando tendencias o desmintiendo fraudes.

Sin embargo, la tecnología también introduce desafíos, como:

- **Deepfakes y CGI:** El aumento de imágenes y videos alterados digitalmente dificulta distinguir la evidencia genuina de los fraudes.

- **Sobrecarga de Datos:** El volumen de informes puede abrumar a los investigadores, complicando los esfuerzos para verificar los reclamos.

Fascinación Colectiva por lo Desconocido

En su núcleo, el fenómeno OVNI toca la curiosidad innata de la humanidad y su deseo de explorar lo desconocido. Ya sea impulsado por:

· **Miedo a lo Desconocido:** Ansiedad sobre amenazas externas.

· **Esperanza de Descubrimiento:** El sueño de contacto con civilizaciones avanzadas.

· **Preguntas Existenciales:** Un anhelo de comprender el lugar de la humanidad en el universo.

Los avistamientos en Nueva Jersey, como muchos otros, son más que eventos inexplicables. Son reflejos de la psique humana, una mezcla de percepción, imaginación e influencia cultural.

9

La Hipótesis Alienígena y los Encuentros Extraterrestres

Aunque las explicaciones tecnológicas han ganado credibilidad, la hipótesis alienígena sigue siendo una de las explicaciones más cautivadoras y duraderas para los avistamientos de OVNIs. La idea de que visitantes de otros planetas, galaxias o dimensiones están observando o interactuando con la Tierra sigue siendo un elemento central en el folclore de los OVNIs y forma la base de muchos informes, incluidos los de Nueva Jersey. Este capítulo explora la posibilidad de la participación extraterrestre, los argumentos a favor y en contra de tales encuentros, y las implicaciones que tendría si realmente encontráramos seres de más allá de nuestro planeta.

El Caso de la Vida Extraterrestre

La búsqueda científica de vida extraterrestre es un esfuerzo continuo. Con el descubrimiento de miles de exoplanetas en la zona habitable de otras estrellas y el creciente conocimiento de los extremófilos (organismos que prosperan en entornos extremos), la posibilidad de que exista vida más allá de la Tierra parece cada vez más plausible.

Factores Clave:

- **La Ecuación de Drake:** Una fórmula desarrollada para estimar el número de civilizaciones extraterrestres activas y comunicativas en la galaxia de la Vía Láctea. Aunque especulativa, sugiere que la probabilidad de vida alienígena es alta, especialmente dado el vasto número de estrellas y planetas en nuestra galaxia.

- **Descubrimientos Recientes en Astrobiología:** La detección de posibles signos de vida microbiana o las condiciones necesarias para la vida en planetas como Marte y lunas como Europa y Encélado fortalecen la hipótesis de que la vida podría existir en otros lugares del universo.

- **La Paradoja de Fermi:** Aunque el universo es vasto y la probabilidad de vida extraterrestre es alta, aún no hemos encontrado evidencia definitiva de civilizaciones alienígenas. Esto ha llevado a teorías como que las especies alienígenas están evitando el contacto o que su presencia es más sutil de lo que esperamos.

¿Podrían los avistamientos de OVNIs en Nueva Jersey ser evidencia de que la vida extraterrestre ha descubierto la Tierra y está eligiendo observarnos o contactarnos de maneras que aún no comprendemos completamente?

Avistamientos de OVNIs y Encuentros Extraterrestres

Para muchos, los avistamientos de OVNIs más convincentes son aquellos que involucran supuestas interacciones con seres extraterrestres. Desde los clásicos encuentros con "platillos voladores" hasta avistamientos modernos de objetos extraños y rápidos en el cielo, algunos informes incluyen elementos que sugieren participación extraterrestre.

Aspectos Clave de Estos Encuentros:

- **Encuentros Cercanos del Primer Tipo:** Avistamientos de luces u objetos en el cielo relativamente cerca del observador. Estos son los informes más comunes y a menudo pueden confundirse con aeronaves, drones o fenómenos atmosféricos.

- **Encuentros Cercanos del Segundo Tipo:** Incidentes en los que un OVNI deja evidencia física, como quemaduras por radiación, huellas en el suelo o equipos eléctricos descompuestos.

- **Encuentros Cercanos del Tercer Tipo:** Los encuentros más sensacionalizados, en los que las personas reportan ver seres o naves de origen extraterrestre. Estos encuentros pueden incluir supuestas abducciones, comunicación directa u otras formas de interacción.

Aunque muchos informes de OVNIs pueden explicarse por fenómenos naturales o creados por humanos, algunos casos siguen desafiando explicaciones fáciles. ¿Podrían los avistamientos en Nueva Jersey ser parte de un patrón más amplio de observación o interacción extraterrestre?

Tipos de Encuentros Extraterrestres

Si asumimos que algunos avistamientos de OVNIs están genuinamente vinculados a la vida extraterrestre, la naturaleza de estos encuentros se vuelve crucial. Diferentes informes sugieren una variedad de posibles interacciones, cada una con sus propias implicaciones:

- **Encuentros Observacionales:** Muchos avistamientos de OVNIs implican objetos que parecen simplemente observar la Tierra desde la distancia. Estos encuentros no involucran contacto directo, pero podrían sugerir que las civilizaciones extraterrestres están monitoreando el desarrollo humano.

- **Fenómenos de Abducción:** Quizás el aspecto más controvertido del folclore OVNI es la experiencia de abducción, en la que las personas afirman haber sido llevadas a bordo de una nave espacial por extraterrestres para experimentos médicos o científicos. Aunque muchos de estos informes se descartan como fenómenos psicológicos o parálisis del sueño, algunos individuos describen experiencias altamente detalladas y consistentes.

· **Contacto con Civilizaciones Avanzadas:** Algunas personas afirman haber tenido comunicación directa con seres extraterrestres, ya sea a través de telepatía, reuniones físicas o tecnología avanzada. Estos encuentros a menudo incluyen mensajes sobre paz, el medio ambiente o el futuro de la humanidad.

Los avistamientos en Nueva Jersey, aunque no necesariamente involucren escenarios de abducción, podrían reflejar la posibilidad de observación extraterrestre o contacto, especialmente a la luz de la sofisticada tecnología que podría estar en juego.

Tecnología Alienígena y Naves OVNI

Una de las principales razones por las que los OVNIs a menudo se atribuyen a la vida extraterrestre es la tecnología avanzada que algunos objetos parecen demostrar.

Características Comunes de las Naves OVNI:

· **Vuelo No Newtoniano:** Los OVNIs a menudo exhiben características de vuelo que desafían las leyes de la física tal como las entendemos, como aceleraciones abruptas, desaceleraciones rápidas y flotación sin medios visibles de propulsión.
· **Operación Silenciosa:** Muchos OVNIs se informan como completamente silenciosos, lo cual es desconcertante considerando la ausencia de sistemas de propulsión tradicionales.
· **Firmas Energéticas:** Algunos avistamientos incluyen reportes de perturbaciones electromagnéticas o potentes ráfagas de luz, lo que

podría indicar sistemas de propulsión altamente avanzados que aprovechan la energía de formas que aún no comprendemos.

Si los avistamientos en Nueva Jersey involucran naves que demuestran estas capacidades, podría sugerir una tecnología mucho más allá de lo que la humanidad posee actualmente, apoyando la idea de un origen extraterrestre.

Hipótesis "Zeta Reticuli" y los Alienígenas Grises

La representación más conocida de seres extraterrestres en el folclore OVNI es la de los "grises". Estas pequeñas criaturas de piel gris, cabezas grandes y ojos negros están frecuentemente asociadas con abducciones y avistamientos de OVNIs.

La Hipótesis Zeta Reticuli:

- Sostiene que estos seres provienen del sistema estelar Zeta Reticuli.
- Gained widespread attention after the 1961 Barney and Betty Hill abduction, where the couple reported being taken aboard a UFO by beings resembling the classic "Grey" aliens.

Si los avistamientos en Nueva Jersey incluyen informes de seres humanoides o naves similares a las descritas en escenarios de abducción alienígena, esto reforzaría la teoría de que entidades extraterrestres están visitando la Tierra.

Conclusión: Hipótesis Extraterrestres y los Avistamientos de Nueva Jersey

Como ocurre con todos los avistamientos de OVNIs, la pregunta de si la vida extraterrestre es responsable de los fenómenos observados en Nueva Jersey sigue abierta. Aunque las explicaciones tecnológicas y psicológicas pueden dar cuenta de muchos avistamientos, persiste un subconjunto de casos que continúa desafiando la lógica.

¿Podrían los avistamientos en Nueva Jersey ser parte de un encuentro continuo con inteligencia extraterrestre? ¿O estamos simplemente presenciando los límites de nuestra comprensión, donde la tecnología, la psicología y lo desconocido se entrelazan? A medida que seguimos buscando respuestas en el cielo, el misterio persiste, pero la búsqueda en sí misma podría llevarnos a nuevos descubrimientos sobre el universo y sobre nosotros mismos.

10

Secretismo Gubernamental y Operaciones Militares: El Papel de los Encubrimientos en los Avistamientos de OVNIs

A lo largo de la historia, los gobiernos y las organizaciones militares han estado profundamente involucrados en los fenómenos OVNI, contribuyendo al misterio que rodea estos avistamientos. Si bien muchos informes de OVNIs pueden atribuirse a fenómenos naturales o tecnología creada por humanos, una parte significativa sigue envuelta en secretismo, lo que lleva a algunos a creer que la verdadera naturaleza de estos encuentros está siendo deliberadamente oculta. Este capítulo explora el papel del secretismo gubernamental, las operaciones militares y los posibles encubrimientos en el misterio OVNI, con un enfoque particular en los avistamientos en Nueva Jersey y casos similares en todo el mundo.

El Legado del Secretismo Gubernamental y los OVNIs

La relación entre las agencias gubernamentales y los OVNIs ha sido un tema de intriga durante décadas. En el siglo XX, numerosos avistamientos de OVNIs fueron minimizados, desestimados o activamente encubiertos por las autoridades gubernamentales, lo que generó especulaciones generalizadas sobre qué sabían realmente las autoridades.

Ejemplos Notables:

- **Proyecto Libro Azul:** Una de las investigaciones gubernamentales más conocidas sobre OVNIs fue el Proyecto Libro Azul, llevado a cabo por la Fuerza Aérea de los Estados Unidos entre 1952 y 1969. Aunque el objetivo oficial del programa era identificar OVNIs y determinar si representaban una amenaza para la seguridad nacional, muchos informes recopilados bajo este proyecto fueron desestimados como identificaciones erróneas o quedaron sin explicación. El cierre del programa y la falta de transparencia alimentaron las sospechas de que el gobierno estaba ocultando información crucial sobre la verdadera naturaleza de los OVNIs.

- **El Incidente de Roswell:** Quizás el encubrimiento de OVNIs más famoso de la historia ocurrió en 1947 en Nuevo México. Inicialmente reportado como el choque de un "disco volador", el ejército de EE. UU. cambió rápidamente la historia, describiéndolo como un globo meteorológico. Los relatos contradictorios y el secretismo posterior al incidente han alimentado especulaciones de que el gobierno estadounidense recuperó tecnología y seres extraterrestres, pero lo encubrió.

- **El Rol de la CIA y Otras Agencias:** La CIA ha estado vinculada durante mucho tiempo al secretismo en torno a los OVNIs, particularmente a través de programas como los aviones espía U-2 y A-12 Oxcart, desarrollados durante la Guerra Fría. Estas aeronaves eran tan avanzadas que fácilmente podrían haber sido confundidas con OVNIs. La tendencia de la CIA a desestimar los avistamientos de OVNIs, combinada con su control sobre proyectos militares clasificados, ha llevado a sospechas de que poseen conocimiento sobre tecnología o visitantes extraterrestres que no han revelado al público.

La Influencia de las Operaciones Militares en los Avistamientos de OVNIs

Las operaciones militares, tanto clasificadas como no clasificadas, a menudo están en el centro de los avistamientos de OVNIs, especialmente cuando involucran aeronaves avanzadas, armas experimentales o nuevas tecnologías.

Factores Clave:

- **Vuelos de Prueba de Aeronaves Avanzadas:** Muchos avistamientos de OVNIs, particularmente en áreas con alta actividad militar, pueden atribuirse a vuelos de prueba de aeronaves avanzadas que aún están en desarrollo. Por ejemplo, aeronaves como el SR-71 Blackbird y el F-117 Nighthawk fueron tan inusuales en apariencia, velocidad y maniobrabilidad que fácilmente podrían haber sido confundidas con OVNIs.

- **Interferencia con Radar y Tecnología:** Una de las características de muchos encuentros con OVNIs es la interferencia con sistemas de radar y otras tecnologías de detección. Las aeronaves militares, especialmente las de tecnología furtiva o experimental, están diseñadas para evadir la detección por radar. Esto puede llevar a avistamientos de objetos que parecen aparecer y desaparecer sin explicación.

- **Proyectos Negros:** Los "proyectos negros", operaciones militares no reconocidas, son otra fuente de posibles avistamientos de OVNIs. Estos proyectos, extremadamente secretos, a menudo involucran tecnologías experimentales, cuyos ensayos pueden dar lugar a avistamientos que desafían explicaciones convencionales.

El Impacto de los Encubrimientos en la Percepción Pública

El papel del secretismo gubernamental y las operaciones militares ha tenido un impacto profundo en la percepción pública de los OVNIs.

Herramientas de Encubrimiento:

- **Desinformación y Misinformación:** Una de las herramientas primarias utilizadas por los gobiernos para mantener el secretismo es la difusión de desinformación (información falsa intencionada) y misinformación (información errónea presentada como hecho). En el caso de los OVNIs, los gobiernos han proporcionado explicaciones engañosas para los avistamientos, como atribuirlos a fenómenos meteorológicos o pruebas militares.

- **El Rol de los Medios:** Los medios han jugado un papel significativo en moldear la percepción pública de los OVNIs. En algunos casos, los medios han sido utilizados como herramienta para controlar la narrativa, mientras que en otros han ignorado el tema, lo que ha llevado a una mayor desconfianza entre el público.

Los OVNIs y los Avistamientos en Nueva Jersey: Implicaciones Militares y Gubernamentales

En Nueva Jersey, al igual que en muchos otros lugares, los avistamientos de OVNIs a menudo están asociados con actividad militar, operaciones clasificadas y secretismo gubernamental.

Factores Locales:

- **Instalaciones Militares:** Nueva Jersey alberga varias instalaciones militares, incluidas bases navales, aeródromos y centros de investigación. Estas ubicaciones suelen ser sitios de pruebas clasificadas y operaciones experimentales, algunas de las cuales pueden involucrar aeronaves avanzadas o tecnologías que podrían confundirse con OVNIs.

- **Ejercicios Militares:** Muchos avistamientos en Nueva Jersey, particularmente aquellos que involucran múltiples objetos o comportamientos erráticos, pueden estar relacionados con ejercicios militares. Estos pueden implicar equipos clasificados, lo que lleva a malentendidos sobre la naturaleza de los fenómenos observados.

Conclusión: Revelando la Verdad Detrás del Secretismo Gubernamental

El papel del secretismo gubernamental y las operaciones militares en los avistamientos de OVNIs no puede subestimarse. Aunque muchos avistamientos pueden explicarse por fenómenos naturales o tecnología humana, una parte significativa de los encuentros probablemente sea el resultado de operaciones militares clasificadas o encubrimientos gubernamentales.

En lugares como Nueva Jersey, la combinación de presencia militar y operaciones secretas ha llevado a especulaciones y desconfianza generalizadas. A medida que el movimiento por la divulgación de información sobre OVNIs sigue creciendo, la esperanza es que finalmente se revele la verdad sobre estos fenómenos, poniendo fin a décadas de secretismo y especulación.

11

Drones, Tecnología y Explicaciones de Origen Humano

Mientras que la posibilidad de participación extraterrestre sigue siendo una de las teorías más cautivadoras en torno a los avistamientos de OVNIs, un creciente cuerpo de evidencia sugiere que algunos de los informes recientes, particularmente en Nueva Jersey, pueden tener explicaciones tecnológicas arraigadas en invenciones humanas. En los últimos años, los drones, las aeronaves militares avanzadas y otras tecnologías de vanguardia han comenzado a desdibujar las líneas entre lo conocido y lo desconocido. Este capítulo analiza el auge de la tecnología de drones y otros fenómenos creados por el hombre que podrían explicar muchos de los avistamientos de OVNIs observados en Nueva Jersey, y explora cómo estas tecnologías pueden llevar a malentendidos y confusiones futuras sobre objetos en el aire.

La Evolución de la Tecnología de Drones

En las últimas dos décadas, los drones han pasado de ser una herramienta militar de nicho a una tecnología generalizada utilizada en campos comerciales, recreativos e incluso científicos. Los drones modernos, tanto vehículos aéreos no tripulados (UAV) como vehículos aéreos de combate no tripulados (UCAV), son ahora capaces de realizar tareas complejas y pueden ser difíciles de distinguir de otros fenómenos aéreos.

Puntos Clave de la Tecnología de Drones:

- **Crecimiento del Mercado de Drones:** La industria de drones de consumo ha explotado en los últimos años, con dispositivos capaces de transportar cámaras de alta definición, sensores sofisticados e incluso realizar vuelos autónomos. Sin embargo, su creciente prevalencia ha llevado a una mayor confusión cuando aparecen objetos voladores no identificados en el cielo.

- **Drones Militares y de Vigilancia:** Más allá de los drones comerciales, los militares han avanzado significativamente en esta tecnología, produciendo UAVs con capacidades impresionantes como sigilo, altas velocidades y maniobras precisas. Ejemplos como el MQ-9 Reaper y el RQ-170 Sentinel vuelan a grandes altitudes con baja visibilidad, y sus avanzados sistemas de sensores les permiten realizar vigilancia en vastas áreas.

- **Tecnología de Enjambre:** Un campo emergente en la tecnología de drones es el enjambre, donde múltiples drones se coordinan para realizar tareas complejas de forma autónoma. Estos enjambres pueden volar en formaciones cerradas, creando deslumbrantes exhibiciones de luces o movimientos precisos que pueden parecer de otro mundo para los observadores.

El Rol de las Aeronaves Militares Avanzadas

Si bien los drones son sinónimos de informes modernos de OVNIs, las aeronaves militares avanzadas y los programas clasificados han sido durante mucho tiempo una fuente de avistamientos. A medida que la tecnología avanza, se están desarrollando aeronaves que empujan los límites de lo posible, dificultando que los civiles diferencien entre tecnología militar de punta y fenómenos extraterrestres.

Evolución de las Aeronaves Militares:

- **Aeronaves Furtivas y Vuelo Hipersónico:** Aeronaves como el F-22 Raptor y el B-2 Spirit, diseñadas para evadir la detección por radar, pueden parecer que desaparecen o se comportan de manera errática cuando se ven desde tierra. Además, la tecnología de vuelo hipersónico en desarrollo, que permite a las aeronaves volar a velocidades superiores a Mach 5, puede producir distorsiones visuales que se asemejan a actividades OVNI.

- **Legado del SR-71 Blackbird:** Este famoso avión de reconocimiento, conocido por sus increíbles velocidades y altitudes, a menudo fue confundido con un OVNI debido a sus maniobras rápidas y diseño inusual. Aunque ya no está en servicio, abrió el camino para tecnologías militares modernas que podrían explicar algunos avistamientos de OVNIs.

- **Proyectos Negros y Aeronaves No Reconocidas:** Los llamados "proyectos negros" en el ámbito militar, que implican tecnologías clasificadas, suelen involucrar experimentos con capacidades que superan las de las aeronaves civiles conocidas.

Malentendidos y Fenómenos Ópticos

Un factor significativo en los avistamientos de OVNIs es la tendencia humana a malinterpretar fenómenos inusuales pero explicables.

Factores que Contribuyen a los Malentendidos:

- **Reflejos y Fenómenos Atmosféricos:** Condiciones climáticas inusuales, como inversiones de temperatura o tormentas, pueden distorsionar la luz y crear ilusiones de objetos flotantes o en movimiento en el cielo.

- **Paracaidistas y Globos Meteorológicos:** Los saltos de gran altitud y los globos meteorológicos pueden parecer OVNIs cuando se observan desde el suelo.

- **Ilusiones Ópticas y Falsos Recuerdos:** La mente humana puede ser engañada por ilusiones ópticas, especialmente al observar objetos en condiciones de poca luz.

Enjambres de Drones y Exhibiciones de Luces

Una de las características más llamativas de los recientes avistamientos de OVNIs en Nueva Jersey han sido las luces brillantes en movimiento.

- **Espectáculos Coordinados de Luces:** Los drones equipados con luces LED se utilizan para realizar exhibiciones impresionantes. Estas formaciones sincronizadas pueden crear ilusiones de fenómenos aéreos extraños.

- **Avistamientos Generados por Drones:** Informes de múltiples objetos moviéndose juntos en patrones pueden indicar el uso de enjambres de drones.

Conclusión: Fenómenos Creados por el Hombre y Malentendidos sobre OVNIs

A medida que avanzamos en el siglo XXI, la línea entre OVNIs y tecnologías humanas es cada vez más borrosa. Aunque algunos avistamientos pueden seguir sin explicación, muchos de ellos probablemente sean el resultado de drones, aeronaves militares avanzadas y fenómenos atmosféricos malinterpretados. Es fundamental considerar los rápidos avances tecnológicos al interpretar los fenómenos que alguna vez atribuimos a lo desconocido.

12

Conclusión: El Enigma de los OVNIs y Nuestra Búsqueda de Respuestas

Como hemos explorado a lo largo de este libro, el fenómeno de los avistamientos de OVNIs, particularmente los reportados en Nueva Jersey, plantea una multitud de preguntas que desafían nuestra comprensión del mundo que nos rodea. Desde posibles avances tecnológicos hasta teorías extraterrestres, explicaciones psicológicas y el secretismo gubernamental, el misterio de los OVNIs sigue siendo un enigma complejo y fascinante. Cada capítulo ha presentado diferentes perspectivas, pero la pregunta central—¿Qué son los OVNIs?—sigue en gran medida sin respuesta.

La Persistencia del Misterio

A pesar de los avances tecnológicos, el aumento de los avistamientos y el creciente interés de individuos e instituciones en estudiar los OVNIs, todavía no hay una explicación definitiva. La persistencia de estos avistamientos—frecuentemente observados por testigos creíbles y registrados en diversas condiciones—sugiere que estamos tratando con un fenómeno mucho más complejo que lo que podría explicarse fácilmente como drones, aeronaves militares o fenómenos naturales.

La Búsqueda de Sentido

A lo largo del libro, hemos examinado varias hipótesis: ¿Son los OVNIs simplemente tecnologías humanas avanzadas? ¿Son evidencia de vida extraterrestre visitando la Tierra? ¿Podrían ser producto de la psicología humana, la histeria colectiva o incluso estados alterados de conciencia? Aunque cada hipótesis ofrece una posible explicación, ninguna ha logrado dar cuenta completamente de todos los factores y características de los avistamientos de OVNIs. Lo que sí sabemos es que la búsqueda de respuestas requiere no solo investigación científica, sino también la disposición a considerar nuevas posibilidades y expandir los límites de la comprensión humana.

El Rol del Gobierno y el Secretismo

La participación gubernamental en el misterio de los OVNIs no puede pasarse por alto. El secretismo, los documentos clasificados y la divulgación gradual de información previamente retenida plantean más preguntas sobre la verdadera naturaleza de los fenómenos. ¿Por qué los gobiernos han sido reacios a proporcionar una divulgación completa, y qué están protegiendo? Estas preguntas abiertas insinúan la posibilidad de que los OVNIs puedan estar vinculados a áreas de investigación, tecnología o encuentros que aún no estamos preparados para comprender completamente.

El Camino Hacia Adelante

Mirando hacia el futuro, está claro que el misterio de los OVNIs está lejos de resolverse. Sin embargo, cada nuevo avistamiento, cada pieza de evidencia y cada teoría contribuye a un cuerpo de conocimiento creciente que sigue alimentando la conversación. La búsqueda de respuestas no se trata solo de descubrir la verdad detrás de los OVNIs, sino también de explorar los límites de nuestra comprensión y nuestro lugar en el universo.

El fenómeno de los OVNIs no es solo un misterio; es una ventana hacia lo desconocido. Nos desafía a cuestionar nuestras suposiciones, enfrentar nuestros temores y expandir nuestros horizontes. Ya sea que estemos lidiando con tecnologías no descubiertas, visitantes alienígenas o algo completamente más allá de nuestra comprensión, la búsqueda de respuestas continuará dando forma a nuestro futuro colectivo.

En última instancia, el misterio de los OVNIs sigue siendo una invitación—una invitación a mirar más allá de lo ordinario y considerar lo extraordinario, a explorar lo desconocido y a permanecer abiertos a las posibilidades que se encuentran justo más allá de nuestro alcance actual.

Acerca del Autor - Ignotus

Ignotus, el seudónimo detrás de esta obra reflexiva, ha elegido permanecer en el anonimato, envolviendo deliberadamente su identidad en el misterio. La decisión de escribir bajo un seudónimo surge de una profunda convicción en el poder de las ideas sobre el reconocimiento personal. El enfoque principal de Ignotus no está en la fama personal, sino en fomentar un debate reflexivo y alentar a los lectores a abordar fenómenos controvertidos e inexplicables con una mente abierta y curiosa.

Al mantenerse en el anonimato, Ignotus busca desvincular su trabajo de las distracciones del sesgo personal o la percepción pública, permitiendo que el contenido hable por sí mismo. Este anonimato permite a los lectores interactuar con el material sin ideas preconcebidas sobre el autor, creando un ambiente donde las ideas y los conocimientos contenidos en el libro tengan prioridad.

La decisión de Ignotus de permanecer en las sombras también es una respuesta a los temas explorados en el libro: eventos misteriosos y, a menudo, inexplicables, incluyendo el tema de los OVNIs y otros sucesos enigmáticos. El autor siente que este enfoque es simbólico de la misma naturaleza de los fenómenos explorados: a menudo ocultos, elusivos y resistentes a explicaciones simples.

Este anonimato amplifica el sentido de misterio en torno al tema y invita a los lectores a considerar la verdadera esencia de la verdad y el descubrimiento, libres de las limitaciones de la identidad o las expectativas. La obra de Ignotus es un testimonio de la idea de que, a veces, las preguntas más importantes no son respondidas por una figura conocida, sino por la curiosidad colectiva de quienes están dispuestos a mirar más allá de la superficie.

www.ingramcontent.com/pod-product-compliance
Lightning Source LLC
Chambersburg PA
CBHW070353130626
46556CB00007B/3161